Planta es un libro-juego didáctico de cartas que combina el aprendizaje con la diversión. Su objetivo es acercar conceptos de fisiología de las plantas y producción vegetal de una manera amena y participativa. Además, constituye una herramienta docente ideal para fomentar el aprendizaje significativo en el aula de contenidos científico-técnicos sobre las plantas y su cultivo, dentro de un ambiente lúdico y colaborativo.

En el juego, cada participante asume el reto de hacer crecer, mantener y cosechar su propio cultivo, mientras lo defiende de diversos factores de estrés provocados por los jugadores adversarios.

Planta puede adaptarse a diferentes niveles educativos, desde educación primaria hasta niveles de grado universitario. La versión básica está pensada para el público general y para el alumnado de enseñanza secundaria obligatoria (ESO). Está preparada para que jueguen entre 2 y 6 participantes y cada partida dure, aproximadamente, 30 minutos.

REGLAS DEL JUEGO

El objetivo es competir por cultivar una planta completa y recoger sus frutos. Para ganar, el jugador debe cosechar dos frutos. Cada carta de fruto se obtiene al reunir dos cartas de flor y cada flor requiere haber conseguido una planta completa y sana bajo condiciones inductoras de floración (ciertas señales ambientales que le indican a la planta cuándo florecer, como fotoperiodo adecuado o exposición al frío −vernalización−).

Una planta se considera completa cuando el jugador ha reunido las cartas de sus tres órganos vegetativos: raíz, tallo y hoja, y estará sana si los adversarios no la han "atacado" con alguna carta de "estrés", que representan problemas para el desarrollo normal de la planta como la competencia con malas hierbas, una falta de nutrientes minerales, sequía o infecciones por hongos. Para contrarrestar estos efectos, los jugadores tienen a su disposición cartas de "tratamientos", como herbicidas, fertilizante, riego o tratamientos antifúngicos.

El mazo de la baraja también incluye cartas especiales que aportan dinamismo a la partida, como *catástrofe, rotación de cultivos* y *estación tranquila*, así como varias cartas de comodín.

El mazo consta de **102 cartas**, distribuidas de la siguiente forma: **38 de órganos** −raíz (8), tallo (8), hojas (8), flor (7) y fruto(7)−, **16 de tratamientos inductores de la floración** (4 de vernalización −frío− y 12 de fotoperiodo −día corto (4), día neutro (4) y día largo (4)−), **14 de estreses** −nematodos (2), sequía (2), hongos (2), falta minerales (2), insectos devoradores (2), áfidos (2), malas hierbas (2)−, **28 de tratamientos o remedios** −nematicidas (4), mejora de regadío (2), lluvia (2), antifúngicos (4), fertilizante (4), insecticidas (8) y herbicidas (4)−, **3 cartas especiales** (catástrofe, rotación de cultivos, y estación tranquila), y **3 comodines**.

Se barajan todas las cartas (salvo flores y frutos) y se reparten 4 cartas a cada jugador. Se deja el resto en el centro como mazo de robo y, junto a él, se irá colocando una pila de descarte. Las cartas con reverso rojo no pueden repartirse a los jugadores y se mantendrán en el mazo de robo introduciéndolas de manera aleatoria.

Durante la partida, cada jugador debe tener siempre 4 cartas: después de jugar o descartarse, roba del mazo hasta volver a tener cuatro.

Los jugadores se turnan en sentido horario, y en cada turno pueden realizar sólo una de las siguientes acciones:

a) Jugar una carta, ya sea en su propio campo de cultivo (área de la superficie de juego que se encuentra frente a cada jugador -Figura 1-) o contra el otro jugador.

b) Descartarse de una o más cartas que no deseen, y robar nuevas cartas hasta tener de nuevo cuatro.

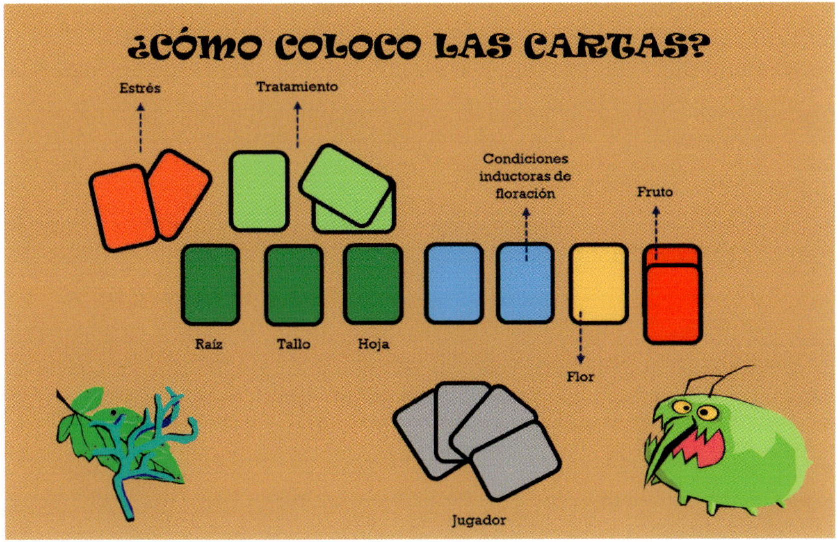

Figura 1. *Cómo colocar las plantas en el propio campo de cultivo.*

Tipos de jugadas

1. **Formar la planta.** Para empezar, cada jugador deberá completar una planta colocando sobre su campo de cultivo una carta de raíz, una de tallo y otra de hoja. Estas cartas pueden conseguirse en cualquier orden.

2. **Florecer y fructificar.** Cuando la planta cuenta con sus tres órganos vegetativos (raíz, tallo y hoja), y el jugador tiene en su campo de cultivo una carta de inducción de la floración (ya sea de fotoperiodo o vernalización), se le permitirá obtener una carta de flor automáticamente. Solo será posible obtener una carta de flor por cada turno. Al reunir dos flores, el jugador consigue un fruto de manera inmediata. Es importante tener en cuenta que una planta no puede florecer y por tanto producir frutos si está sometida a un factor de estrés (ver más adelante).

3. **Lanzar un estrés a un adversario.** Un jugador puede aplicar una carta de estrés sobre el campo de otro participante. Los tipos de estrés incluyen nematodos, sequía, hongos, falta de minerales, insectos devoradores, insectos áfidos o malas hierbas.

4. **Defender la planta.** Para proteger su cultivo, el jugador puede jugar una carta de defensa o manejo del estrés (como nematicidas, mejora de regadío, lluvia, antifúngicos, fertilizante, insecticidas y herbicidas). Estas cartas pueden usarse en respuesta a un estrés o de forma preventiva. En este último caso, si un adversario lanza un estrés compatible, la carta de defensa o manejo se descarta junto a la de estrés (ambas cartas deberán colocarse en el mazo de descartes), sin que la planta sufra daños.

5. **Usar un comodín.** Una carta comodín sirve para sustituir cualquier otro tipo de carta que se necesite. El jugador deberá anunciar claramente en qué tipo de carta se

transformará el comodín, y no podrá cambiar su elección posteriormente.

Cartas de evento

Cuando al tomar una carta del mazo de robo aparece una de las cartas especiales (reverso rojo), todo el juego queda afectado. La carta de *estación tranquila* hace que se eliminen todas las cartas de estrés que haya en los campos de cultivo de cualquier jugador; la de *catástrofe*, hace que todos los jugadores pierdan sus flores y ninguna planta pueda florecer en el próximo turno; y la de *rotación de cultivos* hace que se cedan todas las cartas (salvo los frutos) al jugador de su derecha (en el sentido contrario a las agujas del reloj).

Fin de la partida

El juego termina cuando un jugador consigue dos frutos en plantas sanas (es decir, sin cartas de estrés activas). Este será el ganador del juego.

Uso de las tarjetas de preguntas

Las preguntas constan habitualmente de cuatro respuestas, de las cuales solo una es correcta, y viene indicada en pequeño en el extremo inferior de la tarjeta. Hay cuatro categorías de preguntas, en función del nivel de conocimientos de los jugadores, identificadas por el color de su marco: **verde**, más propias para estudiantes de la ESO; **amarillo**: para niveles correspondientes a alumnos de Bachillerato y de primer curso de Grado; **rojo**: para estudiantes de Grado que cursen o hayan cursado la asignatura Fisiología Vegetal; **negro**: para estudiantes de Grado que estén cursando o hayan cursado asignaturas del tipo Fisiología Vegetal Aplicada, Biotecnología Vegetal y Producción Vegetal.

Si se quiere jugar introduciendo un aspecto más formativo, pueden incorporarse las tarjetas de preguntas con las siguientes reglas:

1. **Obtención de frutos.** Cada vez que un jugador consiga dos flores, deberá responder correctamente dos preguntas de una misma tarjeta para poder obtener un fruto. El tiempo disponible para responder es de un minuto (tiempo marcado por el reloj de arena).

2. **Desafío.** Una vez por partida, cada jugador podrá retar a un adversario a un duelo de preguntas. Cada participante dispondrá de un minuto para responder el mayor número posible de preguntas. Gana quien acierte más respuestas. Si el jugador desafiado gana, el cultivo se considera defendido con éxito y no sucederá nada más. En caso de empate, se procederá de igual manera: el cultivo no sufre daños. Pero si el jugador desafiante gana, podrá intercambiar sus cartas con las del jugador desafiado, excepto un fruto. En los desafíos, las fichas se utilizan para llevar la cuenta de las preguntas acertadas por cada jugador. El dado puede emplearse como opción defensiva: el jugador desafiado elige un número antes del lanzamiento; si al tirar el dado sale ese número, el desafío queda bloqueado durante un turno completo.

Manual docente

Esta guía práctica ofrece un marco de referencia y una serie de orientaciones para integrar el libro-juego *Planta* en el proceso de enseñanza-aprendizaje, facilitando su aplicación en distintos contextos educativos y potenciando su valor como recurso innovador para abordar los contenidos de la biología de las plantas y la protección de cultivos

La gamificación en la enseñanza-aprendizaje de la biología de las plantas

La gamificación en el ámbito educativo consiste en la incorporación de dinámicas y elementos propios de los juegos al proceso de enseñanza-aprendizaje, con el propósito de incrementar la implicación y motivación de los estudiantes. Esta metodología favorece la adquisición de conocimientos, el logro de resultados de aprendizaje y el desarrollo de competencias del ámbito académico correspondiente (Calvo et al., 2021).

Entre las diferentes estrategias de gamificación, destaca el aprendizaje basado en juegos (Cornellà et al., 2020), y en particular, el empleo de juegos de cartas como recurso didáctico. Los juegos implican una interacción dinámica entre las personas, a través de la cual se facilita el flujo espontáneo de conocimientos, actitudes y valores. De este modo se estimula la imaginación, la creatividad y la participación activa del alumnado (Caballero-Calderón, 2021).

En concreto, los juegos de cartas contribuyen al desarrollo de diversas habilidades, actitudes y valores, como la comprensión y asimilación de reglas, la capacidad de observación y el análisis, la exploración de posibilidades, la asunción de riesgos controlados, la empatía, la intuición, la toma de decisiones y la resiliencia ante la frustración (Cornellà et al., 2020).

A pesar de los resultados positivos que ha mostrado la gamificación en distintos niveles educativos, existen aún pocos recursos lúdicos específicamente diseñados para la enseñanza de la biología de las plantas. Son escasos los materiales que, además de facilitar la comprensión de los procesos fisiológicos y productivos de las plantas, promuevan la conciencia sobre la importancia de producir cultivos más eficientes y sostenibles, orientados a la protección del medio ambiente y a la mejora de la calidad de vida, y que aporten además las bases científicas necesarias para alcanzar dichos objetivos (Rodrigues da Conceição et al., 2020; Pinargote Jimenez y Oviedo, 2023).

El proyecto *Planta*

Planta surge como una iniciativa orientada a impulsar la gamificación de contenidos relacionados con la fisiología de las plantas y la producción de los cultivos, mediante un juego de cartas didáctico, adaptable a distintos niveles educativos (Acebes et al., 2023). Este libro-juego se complementa con la información disponible en la página web del proyecto: https://planta.unileon.es/, accesible además mediante este **código QR:**

Planta es un juego sencillo, versátil y atractivo, que aborda los aspectos básicos del desarrollo de un cultivo y su fisiología, al tiempo que fomenta la concienciación sobre la producción sostenible y eficiente de los cultivos (Frey et al., 2023). Su propósito es servir como recurso educativo que combine profundidad conceptual y facilidad de uso, favoreciendo el aprendizaje de conceptos científico-técnicos en un entorno participativo y relajado. El juego busca también transmitir la curiosidad y la pasión por la biología de las plantas.

Los **destinatarios** de *Planta* son todas las personas interesadas en conocer el fascinante mundo de las plantas y sus aplicaciones.

En su nivel básico, *Planta* está dirigido a un público amplio –incluido el alumnado de ESO–, con el objetivo de favorecer la adquisición de diversos conocimientos y competencias, según las características de los jugadores.

En su nivel avanzado está orientado principalmente a estudiantes de titulaciones universitarias de Grado relacionadas con las Ciencias de la Vida (como Biología, Ciencias Ambientales, Ingeniería Agraria, Biotecnología o Ciencia y Tecnología de los Alimentos). Asimismo, resulta adecuado para estudiantes de Bachillerato que cursen asignaturas de Ciencias Naturales o Biología.

¿Cómo surge *Planta*?

La iniciativa se remonta a octubre de 2021, en el marco de un proyecto de innovación docente, cuando se elaboraron los primeros borradores de las reglas del juego y el diseño artesanal de la baraja de prueba (Figura 2A), ensayada como prueba piloto con jugadores voluntarios (Frey et al., 2023).

Figura 2. *A) Muestra de cartas de la baraja piloto de Planta, confeccionada artesanalmente. B) Muestra de un conjunto de cartas de la baraja de impresión profesional, derivada del proyecto TCUE-PoC (Frey et al., 2023).*

Posteriormente, el juego resultó ganador del concurso de Proyectos Prueba de Concepto promovido por la Fundación General Universidad de León y Empresa (FGULEM), dentro del plan TCUE 2021-2023, lo cual aportó la financiación necesaria para continuar con el desarrollo y validación del proyecto (Figura 2B y Figura 3).

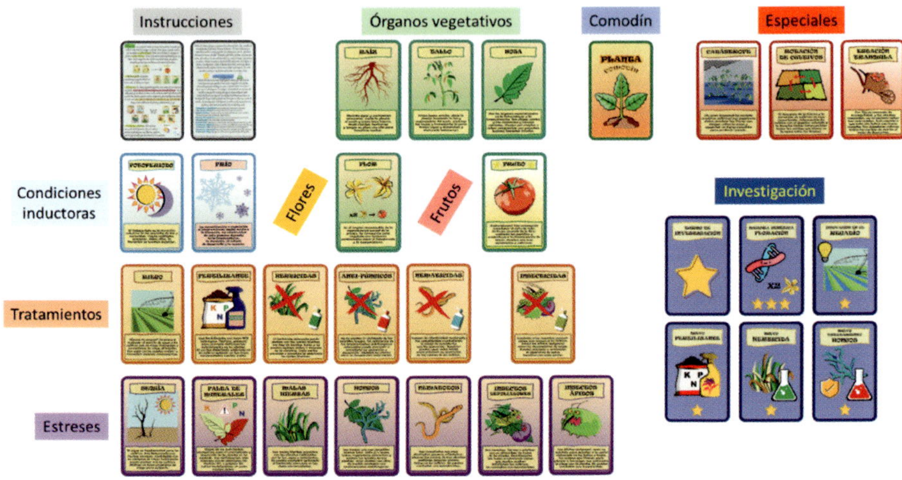

Figura 3. *Los diferentes tipos de cartas que componían la baraja del proyecto TCUE-PoC (Acebes et al., 2023).*

Desde entonces se han introducido modificaciones en la dinámica del juego, se ha actualizado el tipo, número y diseño de las cartas, se han incorporado preguntas didácticas destinadas a reforzar el carácter educativo de *Planta*, y se ha creado una web para su juego online.

Finalmente, el proyecto fue ajustado en cuanto a número de cartas, número de preguntas y complejidad para ser editado como libro-juego.

De la idea al recurso educativo

Planta ha sido desarrollado por los docentes de **Savia Sabia** (SAVIAGID), grupo de innovación docente de la Universidad de León sobre la enseñanza de la biología de las plantas, en colaboración con el grupo de investigación FISIOVEGEN (Fisiología y Biotecnología de las Plantas).

Planta, como invención, está protegida en el Registro General de la Propiedad Intelectual, gracias a la promoción y gestión de la Oficina de Transferencia de Conocimiento (OTC), y ha sido editada por el Servicio de Publicaciones, ambos de la Universidad de León.

Las cartas han sido diseñadas combinando la iconografía propia de los juegos de cartas –formatos, iconos, colores, tipografías, etc.–, familiar para los usuarios potenciales (principalmente adolescentes y jóvenes) y con un sistema de reglas coherente con las dinámicas habituales de este tipo de juegos.

En la concepción de *Planta* se han tenido en cuenta las siguientes particularidades:

a) El juego es al mismo tiempo sencillo y profundo: sencillo, porque su aspecto se asemeja al de los juegos de cartas tradicionales; y profundo, porque la información contenida en las cartas y la dinámica del juego invitan a los participantes a asumir el rol de productores de plantas, motivándolos a cuidar de sus cultivos. Las reglas se han diseñado para que los jugadores tomen conciencia de las variables que afectan al rendimiento de los cultivos y aprendan a producir sus plantas de manera eficiente y sostenible.

b) *Planta* dispone de dos niveles de aplicación, según lo señalado anteriormente: un nivel básico, apropiado para alumnos de Primaria y ESO, y un nivel avanzado, dirigido principalmente a estudiantes de Bachillerato y Grado Universitario que cuenten con conocimientos previos en biología de las plantas, fisiología vegetal y/o producción vegetal. Además, el nivel básico puede emplearse en contextos de educación no formal, como actividades de ocio, talleres o encuentros familiares.

c) El diseño de las cartas aporta información complementaria, útil tanto para conocer la biología de las plantas como para decidir la estrategia de juego. En el nivel avanzado, los jugadores deben responder a las preguntas formuladas para progresar en la partida, lo que les permite afianzar conocimientos relacionados con la fisiología y la producción de plantas.

Carácter novedoso del juego

Planta presenta un marcado carácter innovador, teniendo en cuenta que:

a) Es el primer juego de cartas diseñado como recurso docente orientado a ahondar en la biología de las plantas desde una perspectiva productiva.

b) Es un juego versátil, capaz de adaptarse a distintos niveles educativos (Primaria, ESO, Bachillerato y diversos grados universitarios).

c) Asimismo, *Planta* puede jugarse en contextos no formales, como actividades familiares o de ocio, manteniendo su valor formativo y lúdico.

d) Sus reglas de juego, elaboradas con criterios tanto didácticos como colaborativos y competitivos, resultan novedosas y fomentan la implicación activa de los jugadores.

e) Puede integrarse de forma complementaria con otras iniciativas docentes vinculadas a la biología y a la producción de cultivos.

f) Además de facilitar la adquisición y consolidación de conocimientos, *Planta* promueve el desarrollo de competencias transversales, como la capacidad de observación y análisis, la toma de decisiones, y el desarrollo de interacciones positivas y empáticas entre compañeros.

g) Finalmente, el juego pone de relieve la importancia de una producción de alimentos de calidad, eficiente y sostenible, respetuosa con el medio ambiente y orientada a mejorar la calidad de vida.

En la actualidad no existe en el mercado ningún otro juego de cartas equivalente que haya sido diseñado como recurso docente con la finalidad de ahondar en la biología y la producción de plantas, y que, al mismo tiempo, sea versátil para ser aplicado en diferentes niveles educativos y contextos de aprendizaje.

Aprovechamiento de Planta para la enseñanza-aprendizaje

Aunque la biología de las plantas pueda parecer un tema específico o alejado del interés general, la influencia de esta disciplina científica en la sociedad humana es directa y constante. Basta pensar en nuestra dependencia de la agricultura y, por tanto, de la producción sostenible y segura de alimentos; en la obtención de materias primas esenciales y de medicamentos de origen vegetal; o en la contribución de las plantas a la protección del medio ambiente por diferentes vías.

A pesar de ello, el nivel medio de conocimiento sobre la biología de las plantas es, en general, muy limitado, tal como reflejan con frecuencia las encuestas sobre cultura científica. Conscientes de esta situación, *Planta* se presenta como una oportunidad para profundizar y consolidar conocimientos básicos sobre la biología de las plantas.

El objetivo del juego, en su vertiente formativa, es introducir a los participantes en conceptos fundamentales y aplicados de la biología de las plantas (fisiología vegetal), favoreciendo la comprensión de las bases que explican su funcionamiento de las

plantas, así como de los aspectos prácticos derivados de este conocimiento.

Recomendaciones previas

Para aprovechar plenamente el potencial educativo del juego, se recomienda disponer de una formación mínima en Ciencias Naturales, equivalente al nivel de ESO.

También resulta conveniente cierta familiaridad con los juegos educativos de cartas –por ejemplo, tipo *Virus!* (Tranjis Games SL)– y, por supuesto, una actitud colaborativa y deportiva, que permita disfrutar de la dinámica competitiva del juego sin perder el buen humor.

Competencias generales y específicas

Tras la participación en **Planta**, se espera que los jugadores desarrollen un conjunto de **competencias generales**, que son comunes con otros tipos de juegos.

- La asimilación y retención de reglas.
- La capacidad de observación y análisis.
- La exploración de posibilidades y la asunción de riesgos.
- La empatía con los demás jugadores.
- La intuición.
- La toma de decisiones.
- La resistencia a la frustración.

Además, se pretende que alcancen las siguientes **competencias específicas**, directamente relacionadas con la biología de las plantas:

1. Comprender las plantas como organismos, seres vivos dotados de una organización espacial (en células,

tejidos y órganos) y temporal, que se manifiesta en la secuencia de procesos de desarrollo (por ejemplo, crecimiento vegetativo, floración o fructificación).

2. Entender las plantas como seres dinámicos que responden a los cambios del medio ambiente e interaccionan de forma activa con otros seres vivos, ya sean plantas, animales o microorganismos.

3. Comprender los mecanismos del funcionamiento de las plantas, así como sus requerimientos nutricionales y ambientales.

4. Identificar distintos factores de estrés bióticos y abióticos que condicionan el desarrollo de la planta, y pueden reducir su productividad e incluso causar su muerte.

5. Reconocer las estrategias habituales en la producción de plantas para afrontar los distintos tipos de estrés y lograr cultivos más eficientes.

6. Valorar la importancia de producir alimentos de calidad, de forma eficiente, sostenible y respetuosa con el medio ambiente, como base de una mejor calidad de vida.

   Asimismo, mediante el uso adecuado de las preguntas que acompañan al juego, se pueden desarrollar otras competencias complementarias:

7. Comprender cómo las plantas adquieren la luz, el CO_2, el agua y los nutrientes a partir del medio que las rodea y cómo estos factores influyen en su desarrollo.

8. Comprender los mecanismos de transporte, tanto el del agua y los nutrientes minerales como el de los carbohidratos y otras moléculas

elaboradas, así como la integración entre ambos.

9. Entender las plantas como organismos autótrofos y productores de metabolitos.

10. Reconocer la capacidad de las plantas para contribuir a la resolución de problemas ambientales.

11. Interpretar datos relevantes de biología de las plantas para emitir juicios fundamentados, que incluyan reflexiones de índole social, científica o ética.

12. Reconocer la relevancia de las plantas como base de la sociedad y del funcionamiento de los ecosistemas.

13. Conocer la importancia de las plantas en procesos biotecnológicos, tales como la fitorremediación, *molecular farming*, la conservación y producción de plantas, etc.).

Resultados de aprendizaje

El curso está diseñado para potenciar los siguientes resultados de aprendizaje, directamente relacionados con las competencias previamente mencionadas:

- Comprender qué es el estrés vegetal e identificar diferentes factores de estrés abiótico y biótico.

Asimismo, en función del uso adecuado de las preguntas incluidas en el juego, pueden alcanzarse otros resultados de aprendizaje complementarios, tales como:

- Explicar el proceso de la fotosíntesis.

- Clasificar elementos minerales según criterios de esencialidad.